# Gunther von Hagens'
# KÖRPERWELTEN
### Das Original

## & Der Zyklus des Lebens

Angelina Whalley

www.koerperwelten.de

# INHALTSVERZEICHNIS

| | |
|---|---|
| Der Zyklus des Lebens | 5 |
| Ein Mensch entsteht | 6 |
| Warum wir altern | 9 |
| Die Mathematik des Lebens | 10 |
| Hautnah am Leben | 12 |
| Gut in Form | 15 |
| Was Hänschen nicht lernt, ... | 16 |
| Ein langer Abschied | 19 |
| Wenn die Arme zu kurz werden | 22 |
| Der Blick der Künstler | 24 |
| Kampf den freien Radikalen | 26 |
| Rauchzeichen | 28 |
| Ein lebenslanger Kampf | 30 |
| Unter Druck | 32 |
| Wenn's eng wird | 35 |
| Du bist, was du isst | 36 |
| Zuviel des Guten | 38 |
| Haarige Zeiten | 40 |
| Wogen der Lust | 44 |
| Der Körper im Umbruch | 46 |
| Sexy Sixties | 48 |
| Die Meister des Alterns | 50 |
| Die letzte Reise | 60 |
| Impressum | 64 |

Euer Körper ist die Harfe eurer Seele,

und es ist an euch,

ihm süße Musik zu entlocken oder wirre Töne.

*Khalil Gibran (1883–1931)*
*Amerikanisch-libanesischer Dichter,*
*Philosoph und Maler*

# Der Zyklus des Lebens

Der menschliche Körper –
ein Wunder aus Gegensätzen:
Einfach und doch komplex,
belastbar, aber auch verletzlich.

Unser Körper begleitet uns ein Leben lang.
Durch ihn erfahren wir uns selbst und die Welt.
Dabei eröffnet der Körper uns beinahe
unendliche Möglichkeiten.

Doch ist unser Körper
nicht nur ein göttliches Geschenk
oder eine natürliche Gabe,
sondern auch eine persönliche Aufgabe:
Ergebnis eigener Lebensführung.

Gesundheit ist ein höchst brüchiger Zustand!

Empfängnis, Geburt, Kindheit, Jugend und
Reife bis ins hohe Alter –
das Einzige, was bleibt, ist ständiger Wandel.

Der Körper – eine lebenslange Herausforderung
und sichtbarer Spiegel unserer endlichen Lebensuhr!

# Ein Mensch entsteht

Menschliches Leben beginnt
mit einer einzigen Zelle, der Zygote,
wenn der väterliche Samen
in die mütterliche Eizelle eindringt.

Die Zygote enthält das menschliche Genom,
den individuellen Bauplan eines ganzen Menschen.
Er besteht aus mütterlichen und väterlichen Genpaaren,
die auf Chromosomen angeordnet sind.

Dieser einzigartiger Chromosomensatz,
den es so niemals vorher gab
und den es auch niemals später geben wird,
prägt die Eigenschaften und Merkmale
des neuen menschlichen Lebens.

Die Zygote geht sofort und unermüdlich ans Werk!
Etwa dreißig Stunden nach der Empfängnis
beginnt sie sich das erste Mal zu teilen
und wandert den Eileiter hinab in die Gebärmutter.
Auf dem Weg teilt sich der Keim noch mehrfach,
bevor er sich am sechsten Tag nach der Empfängnis
in die Gebärmutterschleimhaut einnistet.

Nach durchschnittlich 266 Tagen
betritt ein neuer Mensch die Bühne des Lebens.

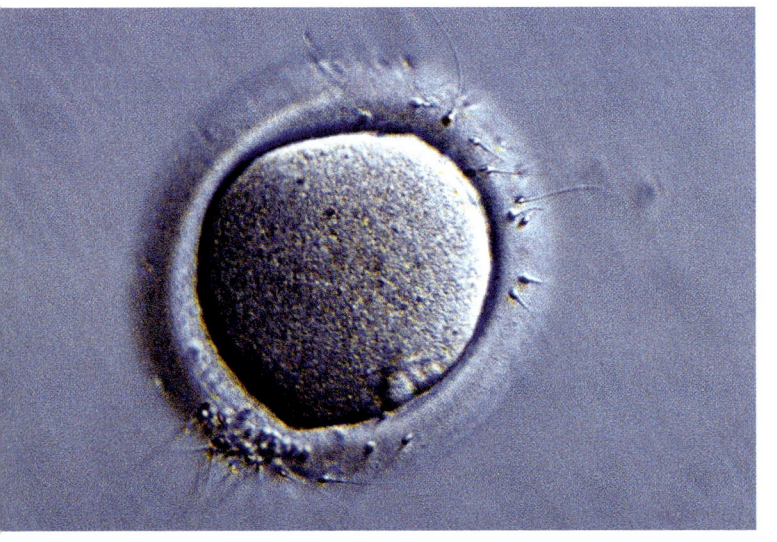

*Befruchtete Eizelle (400fache Vergrößerung).*

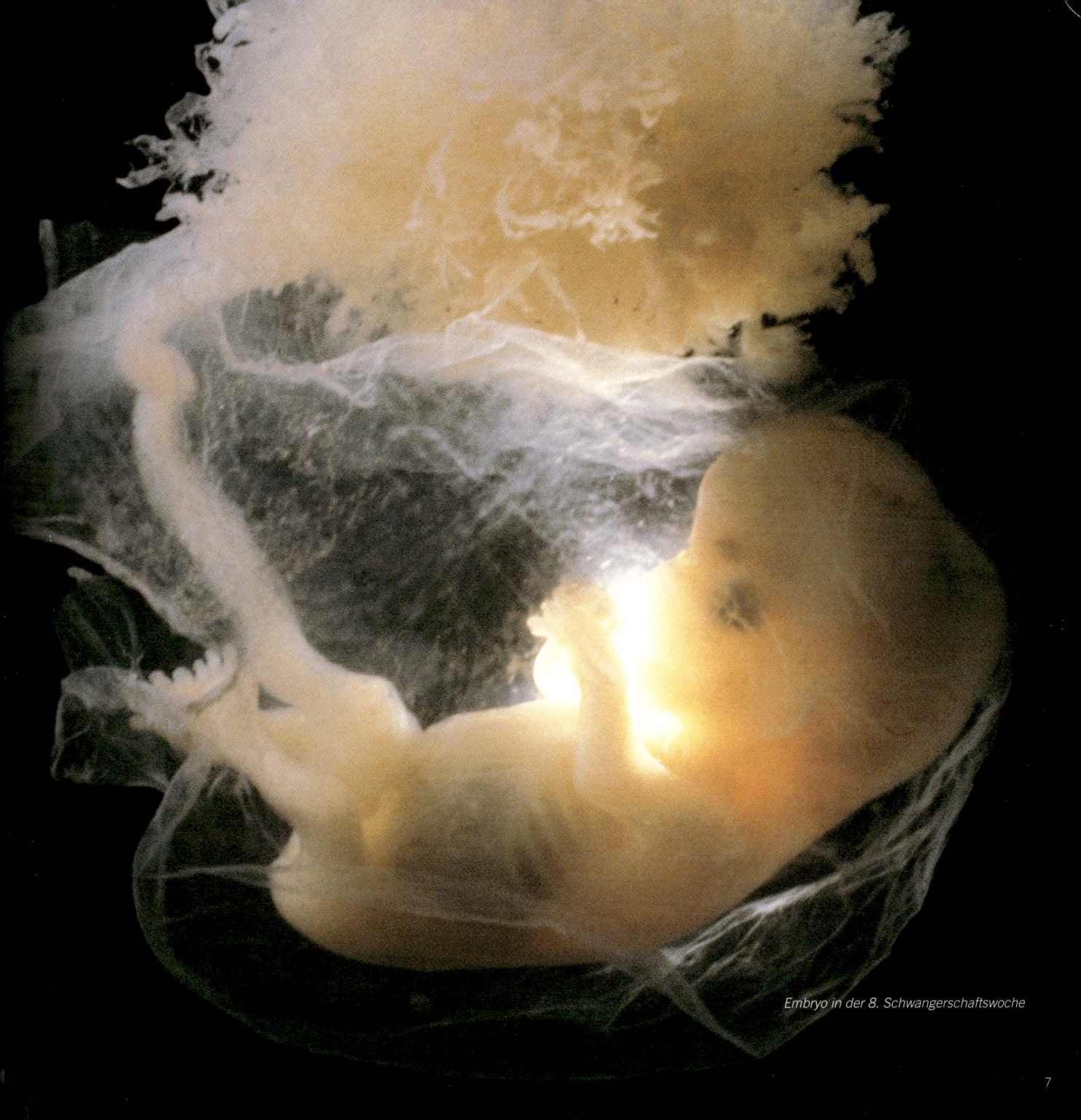
*Embryo in der 8. Schwangerschaftswoche*

𝒟as Leben ist wie ein Theaterstück.
Zuerst spielt man die Hauptrolle,
dann eine Nebenrolle,
dann souffliert man den anderen,
und schließlich sieht man zu, wie der Vorhang fällt.

*Winston Spencer Churchill (1874 - 1965)*
*Britischer Staatsmann*

# Warum wir altern

Altern ist kein plötzliches Ereignis,
sondern ein allmählicher biologischer Vorgang.
Er beginnt mit der Geburt,
schreitet unaufhaltsam fort und endet mit dem Tod.

Nach der Geburt
nimmt die allgemeine Leistungsfähigkeit zunächst zu
und erreicht ihren Höhepunkt
in der Mitte des 3. Lebensjahrzehnts.
Danach sinkt sie kontinuierlich wieder ab.

Vereinfacht ausgedrückt verlieren unsere Zellen
mit zunehmendem Alter ihre Widerstandsfähigkeit.
Die Organfunktionen werden dadurch schwächer.

Das äußert sich beispielsweise
in erhöhter Anfälligkeit für Infektionen,
geringerer Hormonausschüttung,
erschlaffendem Bindegewebe
oder in einer nachlassenden Gedächtnisleistung.

Die Ursachen des Alterns sind vielschichtig
und längst nicht endgültig erforscht.

Ein Grund ist, dass unsere Zellen
sich nicht unbegrenzt teilen und erneuern können.
Die Chromosomen verkürzen sich bei jeder Zellteilung;
damit wird der Tod der Zelle irgendwann unausweichlich.

Zudem verschleißen mit zunehmendem Alter
die körpereigenen Reparatursysteme.

Eine besondere Bedeutung im Alterungsprozess
haben die sogenannten freien Radikale.
Diese sauerstoffhaltigen, äußerst aggressiven Moleküle
entstehen im Körper als Nebenprodukte des Stoffwechsels
und lassen den Körper von innen heraus „rosten".

Das Altern können wir nicht aufhalten
oder gar rückgängig machen.
Doch das Ausmaß der altersbedingten Veränderungen
ist individuell sehr verschieden.

Durch eine gesunde Ernährung,
körperliche Fitness,
geistig fordernde Aktivitäten
und individuelle Gesundheitsvorsorge
können wir die Geschwindigkeit des Alterns
wesentlich verlangsamen.

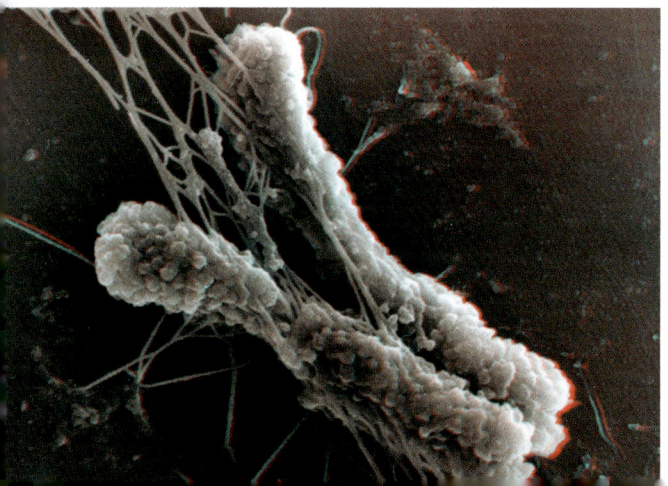

Stereoskopische Aufnahme eines Chromosoms.
Chromosomen sind fadenförmige Gebilde im Zellkern,
die unsere Gene, also die Erbinformationen, enthalten.

# Die Mathematik des Lebens

Kein Lebewesen ist wie das andere.
Dennoch gibt es biologische Gesetzmäßigkeiten,
welche die Lebensspanne
der verschiedenen Organismen beeinflussen.

Dabei spielen die Stoffwechsel-Rate
und die Zahl der Herzschläge eine bedeutende Rolle.
Tatsächlich schlägt das Herz eines Säugetiers
unabhängig von seiner Größe und Lebensdauer
in seinem Leben etwa eine Milliarde Mal.

Die Spitzmaus, zum Beispiel, lebt sehr flott.
Ihr Herz schlägt fast 1000 Mal pro Minute.
Sie verbraucht ihre verfügbaren Herzschläge
innerhalb von vier Jahren.

Größere Tiere haben einen langsameren Stoffwechsel.
Sie atmen langsamer und haben einen niedrigeren Puls.
Zum Beispiel schlägt das Herz eines Elefanten
nur ungefähr 30 Mal pro Minute.
Elefanten können 70 Jahre alt werden.

Mit einer Körpergröße von fast zwei Metern
und einer Lebensdauer von knapp hundert Jahren
wird der Mensch größer und älter
als die meisten anderen Lebewesen.

Wir wachsen sehr langsam,
werden verhältnismäßig spät geschlechtsreif
und leben viele Jahrzehnte nach unseren
fortpflanzungsfähigen Jahren.

Theoretisch wären unsere Milliarde Herzschläge
bereits nach 27 Jahren verbraucht.
Unsere Lebenserwartung ist jedoch
mehr als doppelt so hoch,
weil wir Hunger und viele Krankheiten bekämpft
und uns der Umwelt perfekt angepasst haben.

*Eine Spitzmaus lebt ungefähr vier Jahre*

# Hautnah am Leben

Wie kein anderes Organ zeugt unsere Haut
von unserer Reise durchs Leben.
Die feinporige, samtweiche Haut des Kindes
weicht den Unreinheiten der Pubertät;
den glatten Teint der Jugend ersetzen
allmählich Falten und Altersflecke.
Narben bleiben als Zeichen unserer Unfälle.

Erste Alterszeichen können
schon ab Mitte Zwanzig auftreten:
Die Haut verliert zunehmend die Fähigkeit,
Feuchtigkeit zu speichern,
die Zellen regenerieren sich langsamer,
der Kollagengehalt, der für Festigkeit sorgt,
nimmt ab,
und die Haut verliert an Elastizität.

Dadurch wird die Haut trockener und dünner,
und es bilden sich Falten,
besonders um den Mund und die Augen.
Zudem schrumpft das Fettpolster
unter der Haut.

Dem Alterungsprozess der Haut
kann sich niemand entziehen.
Aber mit unserer Lebensweise beeinflussen wir
erheblich das Ausmaß und die Geschwindigkeit.

Die UV-Strahlen der Sonne beispielsweise
schädigen die Strukturproteine des Bindegewebes
– Kollagen und Elastin – in unserer Haut
und begünstigen die Entstehung
von Sommersprossen und Altersflecken.

Rauchen vermindert die Durchblutung der Haut.
Das lässt den Teint ergrauen
und verstärkt erheblich die Bildung von Falten.

Im Schlaf erholt sich unsere Haut,
wie unser ganzer Körper.
Bei Schlafmangel und Stress
reagiert unsere Haut überempfindlich,
neigt zu Pickeln
und sieht oft trocken oder überfettet aus.

Die Gesundheit unserer Haut
beeinflusst maßgeblich,
wie alt wir uns fühlen
und wie alt wir auf andere wirken.

*A*ltern heißt,
sich über sich selbst klar werden.

*Simone de Beauvoir (1908–1986)*
*Französische Schriftstellerin,
Philosophin und Feministin*

𝒯renne dich nie von deinen Illusionen und Träumen.
Wenn sie verschwunden sind,
wirst du weiter existieren,
aber aufgehört haben, zu leben.

*Mark Twain (1835–1910)*
*Amerikanischer Erzähler und Satiriker*

# Gut in Form

Das Gerüst aus Knochen und Muskulatur
ermöglicht uns Meisterleistungen
der Balance und Koordination.
Es bewegt uns ein Leben lang.

Die meisten Säugetiere laufen schon
Stunden oder Tage nach ihrer Geburt.
Der Mensch braucht dagegen 6-12 Monate
nur für die ersten wackligen Schritte.

Gut 25 Jahre braucht der Mensch,
bis er auf dem Höhepunkt seiner Leistungsfähigkeit steht
und maximale Kraft- und Ausdauerleistungen
erbringen kann.

Mit zunehmendem Alter
verändert sich unser Bewegungsapparat:

- Der Kalziumgehalt in den Knochen nimmt ab,
  so dass sie weniger belastbar und brüchiger werden,

- die Gelenkknorpel nutzen sich ab,

- die Sehnen verlieren an Elastizität
  und schränken die Beweglichkeit ein

- und Muskelfasern werden zunehmend abgebaut
  und durch Fett und Bindegewebe ersetzt,
  so dass unsere Kraft nachlässt.

Doch nicht jeder baut gleich schnell ab.
Wer seinen Körper trainiert,
kann auch mit 70 Jahren noch leistungsfähig sein.

Tatsächlich bringt regelmäßige Bewegung
den Kreislauf in Schwung,
kräftigt Muskeln und Knochen,
baut Fettpölsterchen ab, regt das Gehirn an,
stärkt das Immunsystem und schützt so
den gesamten Organismus langfristig
vor Krankheiten und Altersgebrechen.

# Was Hänschen nicht lernt, ...

... lernt Hans nimmermehr" – sagt der Volksmund.
Falsch! – Auch, wenn das Lernen im Alter schwerer fällt.

Lange Zeit ging man davon aus,
dass die Entwicklung des Gehirns
mit der Pubertät abgeschlossen sei
und das Organ fortan nur noch abgebaut würde.

Tatsächlich sterben im Laufe des Lebens
zahlreiche Nervenzellen ab und das Gehirn schrumpft.
Es produziert weniger Botenstoffe (Neurotransmitter),
und Informationen werden langsamer verarbeitet.
Daher braucht das Lernen mehr Zeit,
und Inhalte müssen häufiger wiederholt werden.

Aber das Gehirn bleibt ein Leben lang wandlungsfähig!
Es kann neue Nervenzellen bilden
und neue neuronale Netzwerke ausformen.
Diese Fähigkeit zur strukturellen Neuorganisation
ist Voraussetzung für alle geistigen Lernprozesse.

Die geringere Leistungsfähigkeit im Alter
liegt oft an einem Mangel an

- geistiger Übung,
- Anregung der Sinne und
- körperlicher Übung der Grob- und Feinmotorik.

Von Geburt bis ins hohe Alter
hängen unsere mentalen Fähigkeiten davon ab,
dass wir alle unsere Möglichkeiten nutzen
und jederzeit bereit sind,
weiter zu denken und
Neues zu lernen.

Was wir nicht nutzen, bauen wir ab.

# Use it or lose it!

Immer mehr Menschen erreichen ein hohes Alter,
und sie besitzen eine wichtige Ressource: Wissen!
Die Älteren haben in der Geschichte
schon immer eine wichtige Rolle gespielt
als Quelle von Wissen, Erfahrung und Weisheit.

Ihre Fähigkeit, analytisch und reflexiv zu denken,
ihr zwischenmenschliches Feingefühl,
ihre Gewissenhaftigkeit und Selbstsicherheit –
all das verschafft ihnen einen Vorsprung
– nicht nur am Arbeitsplatz.
Es ist kein Zufall,
dass oft Ältere in leitenden Positionen sind.

Beeindruckende Beispiele gibt es viele:

Konrad Adenauer,
erster Bundeskanzler Deutschlands,
wurde mit 73 Jahren gewählt
und füllte dieses Amt
bis zu seinem 87. Lebensjahr aus.

*Konrad Adenauer
(1876-1967)*

*Johann Wolfgang von Goethe
(1749-1832)*

Johann Wolfgang von Goethe,
berühmter deutscher Dichter,
beendete mit 82 Jahren
den 2. Teil des „Faust"
– sein bedeutendstes Werk.

Emmanuel Kant,
bekannter deutscher Philosoph,
veröffentliche zwischen seinem
60. und 80. Lebensjahr
seine größten Werke,
die auf seine Nachwelt
bis heute wirken.

*Emmanuel Kant
(1724-1804)*

*M*an bleibt jung,
solange man noch lernen,
neue Gewohnheiten annehmen
und Widerspruch ertragen kann.

*Marie von Ebner-Eschenbach (1830 - 1916)*
*Österreichische Schriftstellerin*

# Ein langer Abschied

Wenn die geistigen Funktionen verfallen
und Fähigkeiten wie Gedächtnis,
Orientierung und Urteilsvermögen verloren gehen,
sprechen wir von Demenz.

Die Kontrolle über das Denken
und damit über das Selbst schwindet.
Die Persönlichkeit
und das gewohnte Verhalten verändern sich.
Was einst vertraut, wird einander fremd.

Verursacht wird die fortschreitende Erkrankung
durch strukturelle und chemische Veränderungen
im Gehirn.

Alzheimer ist die häufigste Form der Demenz.
Gehirnzellen sterben ab, das Gehirn schrumpft,
und es lagern sich Proteine im Gehirn ab,
sogenannte Amyloid-Plaques und Neurofibrillen.

Die Krankheit betrifft meist ältere Menschen;
jeder Sechste der über 80jährigen
leidet unter einer Form von Demenz.
Jedoch kann sie auch schon unter 65 Jahren auftreten.

*Normales Gehirn.
Auf der linken Gehirnseite wurde
die weiche Hirnhaut (Pia mater) belassen.*

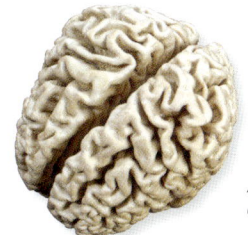

*An Alzheimer
erkranktes Gehirn*

*Die Alzheimer-Krankheit ist eine fortschreitende
und zum Tode führende Erkrankung des Gehirns.
Nervenzellen und Nervenzellkontakte
gehen nach und nach und unwiederbringlich unter,
sodass sich die Furchen in der Rinde
erheblich verbreitern
und das Gehirn insgesamt schrumpft.*

# „Reise zum Sonnenuntergang meines Lebens"

Ein offener Brief von Ronald Reagan

Am 5. November 1994 richte Ronald Reagan einen offenen Brief an die amerikanische Öffentlichkeit. Zu diesem Zeitpunkt war der ehemalige Präsident der Vereinigten Staaten 83 Jahre alt. Er eröffnete in diesem Brief, dass er an der Alzheimer-Krankheit erkrankt sei. Durch seine Offenheit rückte er die Alzheimer-Krankheit ins Bewusstsein der Allgemeinheit und half, das soziale Stigma abzubauen, das dieser Diagnose anhaftet.

Liebe Landsleute,

vor kurzem habe ich erfahren, dass ich, wie Millionen anderer Amerikaner, an der Alzheimer-Krankheit leide. Nancy und ich mussten uns entscheiden, ob wir diese Tatsache als private Angelegenheit betrachten oder sie in der Öffentlichkeit bekannt machen sollten.

Als Nancy vor einigen Jahren an Brustkrebs litt und ich mich einer Krebsoperation unterziehen musste, hat durch unsere öffentliche Bekanntgabe in der Bevölkerung eine Bewusstseinsbildung stattgefunden. Die Zahl der Krebsvoruntersuchungen ist beträchtlich angestiegen. Viele Menschen konnten in einem Frühstadium behandelt werden und anschließend ein normales, gesundes Leben führen.

Aufgrund dieser Erfahrungen verspüren wir auch heute das Bedürfnis, die Nachricht meiner Erkrankung mit Ihnen zu teilen. Wir hoffen, dass dadurch die Alzheimer-Krankheit bekannter wird und das Verständnis für die Betroffenen und ihre Familien wächst.

Im Moment fühle ich mich sehr gut. Ich beabsichtige, die Jahre, die mir Gott auf dieser Erde noch schenkt, so zu gestalten wie bisher. Ich werde weiterhin mit meiner geliebten Nancy und meiner Familie zusammenleben, viel Zeit in der freien Natur verbringen und den Kontakt zu meinen Freunden und Anhängern aufrechterhalten.

Doch je weiter die Alzheimer-Krankheit fortschreitet, desto schwerer wird die Bürde für die Familie werden. Ich wünschte mir, ich könnte Nancy diese schmerzliche Erfahrung ersparen. Doch ich bin sicher, mit Ihrer Unterstützung wird sie ihr Schicksal voller Mut und Vertrauen tragen.

Lassen Sie mich Ihnen, dem amerikanischen Volk, abschließend danken für die große Ehre, die mir zuteil wurde, indem ich Ihnen als Präsident dienen durfte. Wenn der Herr mich zu sich holt, wann immer das auch sein mag, werde ich mit der größten Liebe für dieses unser Land und in ewigem Optimismus für seine Zukunft gehen.

Ich beginne nun die Reise, die mich zum Sonnenuntergang meines Lebens führt, in der Gewissheit, dass über Amerika immer wieder ein strahlender Morgen heraufdämmern wird.
Vielen Dank, meine Freunde. Möge Gott Sie stets beschützen.

Hochachtungsvoll,

*Ronald Reagan*

Ronald Reagan

*E*s ist unklug,
das Leben nach dem Zeitbegriff abzumessen.
Vielleicht sind die Monate,
die wir noch zu leben haben,
wichtiger als alle durchlebten Jahre.

*Leo N. Tolstoi (1828-1910)*
*Russischer Schriftsteller*

# Wenn die Arme zu kurz werden

Mit zunehmendem Alter nimmt unsere Fähigkeit ab,
Gegenstände in nächster Nähe scharf zu erkennen.
Während ein Kleinkind noch genau sehen kann,
was sich vor seiner Nasenspitze befindet,
muss ein 30-Jähriger den Gegenstand
schon etwa 15 Zentimeter vom Auge entfernt halten.
Spätestens ab dem 50. Lebensjahr
können die meisten Menschen Kleingedrucktes
nur noch mit weit ausgestreckten Armen lesen.

Dies ist ein normaler Alterungsprozess,
den man Alterssichtigkeit oder Presbyopie nennt.
Sie entsteht,
weil die Linse zunehmend ihre Elastizität verliert.

Oft geht der Elastizitätsverlust
mit einer Trübung der Augenlinse einher.
Dies ist der Graue Star oder Katarakt.
Man nimmt die Umwelt immer unschärfer wahr,
vor allem in der Dämmerung,
und die Empfindlichkeit gegen Blendung nimmt zu.

In fortgeschrittenen Stadien kann die Augenlinse
durch eine künstliche Linse ersetzt werden.

Andere altersbedingte Augenprobleme
sind schwerwiegender
und können zur Erblindung führen.
Häufige Augenkrankheiten über 65-Jähriger
sind neben dem Grauen Star

- der Grüne Star, auch Glaukom genannt,
  bei dem der Augeninnendruck erhöht ist, und

- die altersbedingte Makula-Degeneration,
  bei der Zellen der Netzhaut untergehen.

Auch eine jahrelang bestehende Zuckerkrankheit
kann zu schweren Netzhautveränderungen führen
bis hin zur Erblindung,
und das auch schon bei jüngeren Menschen.

Diese Erkrankungen verursachen Beschwerden
oft erst, wenn das Auge schon bleibende Schäden hat.

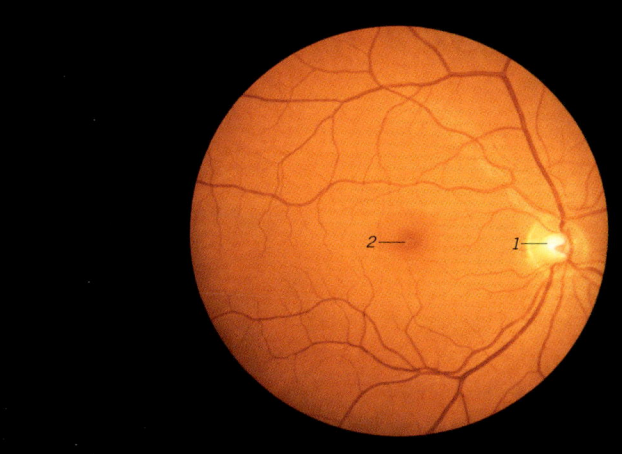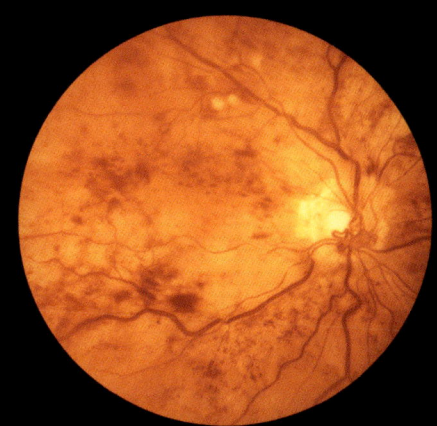

*Normaler Augenhintergrund
mit (1) Sehnerveneintritt (Papille),
Netzhautgefäßen und der Makula (2),
dem Punkt des schärfsten Sehens
auf der Netzhaut.*

*Bei der diabetischen Retinopathie
ist die Durchblutung der Netzhaut gestört.
Dadurch bilden sich neue Blutgefäße,
jedoch mit sehr schwachen Gefäßwänden.
Sie neigen zu Blutungen, die später vernarben
und zur Erblindung führen können.*

Schlechtes Sehen oder gar Blindheit
erschwert den Alltag.
Wenn selbst einfache Tätigkeiten
wie Lesen, Schreiben, Autofahren,
Treppensteigen und Kochen
ohne Hilfe unmöglich werden,
kann man kaum ein unabhängiges Leben führen.

Deshalb sollten wir
die Augen vor Sonneneinstrahlung schützen,
Nährstoffe zu uns nehmen,
die für unsere Augen wichtig sind,
zum Beispiel frisches Obst und Gemüse,
und regelmäßig
Vorsorgeuntersuchungen durchführen lassen.

Besser sehen heißt besser leben!

# Der Blick der Künstler

Claude Monet (1840 -1926) und
Edgar Degas (1834 -1917),
zwei der berühmtesten Künstler des Impressionismus,
litten beide unter Augenkrankheiten
und zunehmendem Verlust ihres Augenlichtes.
Dennoch schufen sie bis zu ihrem Tod Meisterwerke.

Ihre verringerte Sehkraft hat ihren Malstil
wahrscheinlich wesentlich beeinflusst.
Diese Computersimulationen zeigen,
wie Monet und Degas vermutlich
ihre eigenen Werke wahrgenommen haben.

Wir danken Prof. Dr. Michael F. Marmor,
ehem. Leiter der Abteilung für Augenheilkunde
an der Stanford Universität in den USA,
für die Überlassung seiner Forschungsergebnisse.

Als Monet 72 Jahre alt war,
zeigte sich bei ihm eine Trübung der Augenlinse,
ein sogenannter grauer Star.
Die Trübung verringerte nicht nur seine Sehschärfe,
sondern beeinflusste auch seine Farbwahrnehmung.

So wurde beispielsweise Monets Pinselführung
mit zunehmender Erkrankung breiter.
Zudem hatte er Schwierigkeiten,
seine Farben zu unterscheiden.
Er wählte die Farben „nach dem Etikett auf der Tube"
und malte „nach der Macht der Gewohnheit".

Während dieser Jahre beklagte Monet,
„Farben haben nicht länger die gleiche Intensität für mich".
Im Alter von 82 Jahren
lag Monets Sehschärfe nur noch bei 6/120,
das heißt, er konnte aus 6 Metern Entfernung erkennen,
was ein Normalsichtiger aus 120 Metern sieht.
1923 unterzog er sich endlich einer Operation.

Sehschärfe wird anhand der Entfernung gemessen,
aus der wir Objekte deutlich erkennen können.
6/6 ist der Normal-Visus,
das heißt, dass man aus 6 Metern Entfernung
genormte Zeichen auf einer Sehprobentafel ablesen kann.
Der Visus wird auch als Dezimalzahl dargestellt:
6/6 entspricht also 1.0,
und 6/120 wird als 0,05 dargestellt.

**Was Monet malte:**

*Die japanische Brücke bei Giverny*
Öl auf Leinwand, 1918 -1924
Museé Marmottan, Paris

**Was Monet vermutlich sah:**

Claude Monets Sehschärfe betrug 6/120
als er dieses Bild malte.
Das bedeutet, dass er aus 6 Metern Entfernung sah,
was ein Normalsichtiger aus 120 Metern erkennt.

*„Ah! Sehen! Sehen! Sehen!...*
*die Schwierigkeiten beim Sehen*
*lassen mich fühlen,*
*als sei ich betäubt."*

*Brief an den Freund Evariste de Valernes,*
*Paris, 6. Juli 1891*

Degas litt an einer altersbedingten Augenkrankheit,
die den Punkt des schärfsten Sehens betrifft:
die Makula-Degeneration.
Dabei gehen die Zellen der Netzhaut zugrunde
und vermindern die Sehfähigkeit
im Zentrum des Blickfeldes.

Degas' Augenlicht verschlechterte sich
zunehmend über 40 Jahre hinweg.
Er sah seine Umwelt immer verschwommener.
Dadurch erschienen ihm auch die Konturen
auf seinen eigenen Bilder weicher,
als sie sich uns darstellen.

Als Degas um 1886 die „Frau bei ihrer Toilette" malte,
hatte er nur noch eine Sehschärfe von etwa 6/130 (0,04).
Auf den Gemälden, die er nach 1900 malte,
sind nahezu keine Details mehr zu erkennen.

**Was Degas malte:**

Frau beim Frottieren,
Pastell auf Karton, 1905
Norton Simon Art Foundation

**Was Degas vermutlich sah:**

Als Degas dieses Bild schuf,
lag seine Sehschärfe bei 6/130.
Das heißt, er hätte nicht einmal
das erste Zeichen auf der Sehtesttafel erkannt.

# Kampf den freien Radikalen

Bei allen Stoffwechselvorgängen,
die unter Beteiligung von Sauerstoff ablaufen,
entstehen in unseren Zellen
äußerst aggressive Nebenprodukte,
sogenannte freie Radikale.

*Sauerstoff und seine Nebenprodukte sind korrosiv. Jeder Atemzug, der unseren Zellen lebenswichtigen Sauerstoff spendet, lässt uns gleichzeitig auch altern, denn einige Sauerstoffmoleküle zerfallen in freie Radikale, die uns von innen heraus „rosten" lassen.*

Freie Radikale sind kurzlebige,
sauerstoffhaltige Moleküle.
Sie reagieren sehr schnell mit anderen Stoffen.
Dabei entreißen sie anderen Molekülen ein Elektron
oder geben eines ab.
Dadurch werden Kettenreaktionen ausgelöst,
bei denen neue Radikale entstehen.

Solche Reaktionen können
Zellmembranen und Zellkerne schädigen
und dadurch die Entstehung von Krebs
und anderen Krankheiten fördern.
Vor allem beschleunigen sie den Alterungsprozess.

Wir benötigen dauernd Sauerstoff –
also produzieren unsere Zellen ständig freie Radikale.
Zudem entstehen durch belastende Umwelteinflüsse
wie Ozon, UV-Strahlen, radioaktive Strahlen,
Pestizide und Zigarettenrauch
zusätzlich freie Radikale in unseren Zellen.

Unser Körper schützt sich dagegen
mit sogenannten Antioxidantien.
Antioxidantien neutralisieren freie Radikale,
weil sie ein Elektron abgeben können,
ohne dabei selbst instabil zu werden.

Zu diesen Antioxidantien gehören
unter anderem die Vitamine C und E,
Beta-Carotin sowie das Spurenelement Selen.

Sie sind von Natur aus in Obst und Gemüse vorhanden
zum Beispiel in Beeren, Weintrauben, Nüssen, Bohnen,
Brokkoli, Kurkuma oder Zimt.

Eine ausgewogene Kost mit viel Gemüse
und ein wenig Rotwein
hilft dem Körper im Kampf gegen freie Radikale.

*Eine vitaminreiche Kost schützt unseren Körper vor freien Radikalen*

# Rauchzeichen

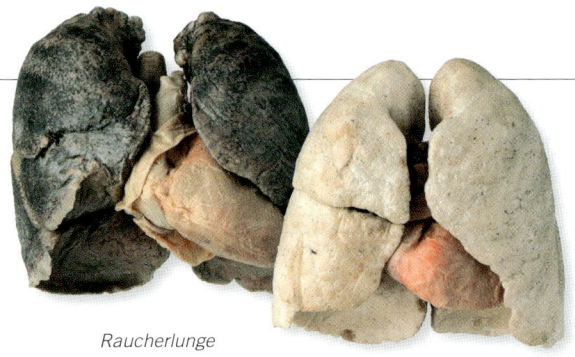

*Raucherlunge*

*Nichtraucherlunge*

Egal, ob man ihn raucht, kaut oder schnupft:
Tabak ist ein Dieb!
Er beraubt uns schleichend unserer Gesundheit
und damit unserer Lebensqualität
und verkürzt unsere Lebenszeit um mehrere Jahre.

Dass Rauchen uns schweren Schaden zufügt,
weiß heute jedes Kind
und steht sogar auf jeder Zigarettenpackung.

Wenn dennoch täglich Millionen Menschen
zum Glimmstängel greifen, liegt das daran,
dass das enthaltene Nikotin Gehirnbereiche stimuliert,
die Wohlbefinden und Belohnung vorgaukeln,
obwohl der Körper belastet wird.

Rauchen ist also keine schlechte Angewohnheit,
sondern eine Suchtkrankheit.
Es fällt daher schwer, mit dem Rauchen aufzuhören.

Aber viele Menschen haben es auch geschafft!
Und es lohnt sich – denn die Gesundheitsrisiken
nehmen langsam wieder ab,
selbst nach langjährigem Zigarettenkonsum.

Das im Tabak enthaltene Nikotin gelangt beim Rauchen
in nur wenigen Sekunden über das Blut ins Gehirn.
Die Atmung wird schneller
und die Arterien verengen sich,
Blutdruck und Herzfrequenz steigen rasch an.

Langfristig beschleunigt Rauchen unseren
Alterungsprozess,
schwächt unser Immunsystem
und erhöht das Risiko für viele Krankheiten
wie Krebs, Herzinfarkt, Schlaganfall, Augenkrankheiten,
aber auch Demenz und Alzheimer.

Dies betrifft nicht nur starke Raucher;
auch Gelegenheitsraucher und Passivraucher
haben ein deutlich erhöhtes Erkrankungsrisiko.

Studien zeigen, dass mindestens 20 % aller Todesfälle,
die durch Herzkrankheiten verursacht werden,
auf das Rauchen zurückzuführen sind.

Doch schon nach fünf Jahren Enthaltsamkeit
ist das Herzinfarktrisiko eines ehemaligen Rauchers
mit dem eines Nichtrauchers vergleichbar.

𝒱om Standpunkt der Jugend aus gesehen,
ist das Leben eine unendlich lange Zukunft;
vom Standpunkt des Alters aus
eine sehr kurze Vergangenheit.
Man muss alt geworden sein,
also lange gelebt haben, um zu erkennen,
wie kurz das Leben ist.

*Arthur Schopenhauer (1788–1860)*
*Deutscher Philosoph*

# Ein lebenslanger Kampf

Unser Körper ist beständig einer Vielzahl von Viren, Bakterien, Parasiten, Pilzen und Giften ausgesetzt. Sie befinden sich in der Atemluft, in den Nahrungsmitteln, auf unserer Haut und sogar in unserem Körper, z.B. im Darm.

Nicht alle dieser Keime machen uns krank. Aber für den Erhalt unserer Gesundheit sind ausgefeilte Abwehrmechanismen notwendig, die Krankheitserreger, körperfremde Stoffe und entartete körpereigene Zellen sofort erkennen und bekämpfen.

All diese Schlachten werden von einem komplexen System geführt, an dem mehrere Organe, Hormone und Botenstoffe sowie eine gigantische Armee weißer Blutkörperchen beteiligt sind – unser Immunsystem.

Ausdruck der Immunabwehr ist beispielsweise,

- wenn sich eine Schnittwunde entzündet oder ein Insektenstich juckt,

- wenn wir husten oder niesen,

- wenn die Lymphknoten anschwellen

- oder wenn wir Durchfall haben.

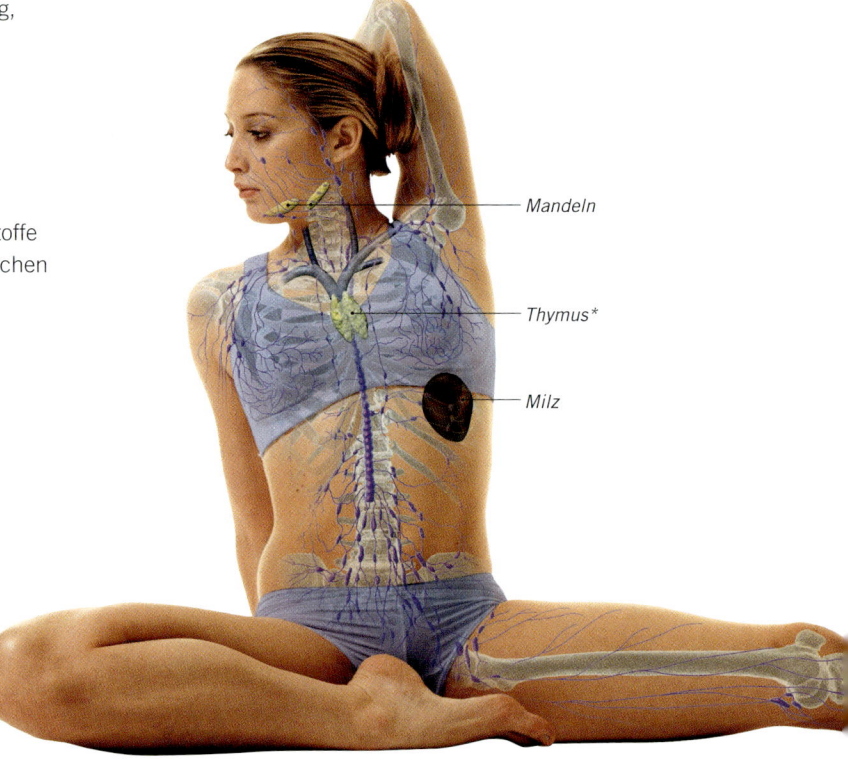

*Das Lymphsystem besteht aus den Lymphgefäßen, den Lymphknoten, der Milz und dem Thymus, den Rachen- und Gaumenmandeln sowie dem lyphatischen Gewebe des Verdauungsapparates.*
*\* Der Thymus bildet sich mit Einsetzen der Pubertät zurück.*

Den wichtigsten Bestandteil des Immunsystems
bilden die weißen Blutkörperchen, die Leukozyten.
Sie entstehen und reifen vor allem im Knochenmark
sowie im Thymus, in der Milz, in den Lymphknoten,
in den Gaumen- und Rachenmandeln
und im lymphatischen Gewebe des Darms.

In Lymph- und Blutgefäßen
zirkulieren sie durch den gesamten Körper,
ständig auf der Suche nach Mikroorganismen
oder anderen eventuell schädlichen Substanzen.

Einige Leukozyten, die Phagozyten,
fressen und zerstören eindringende Organismen.
Andere, die B- und T-Lymphozyten,
erkennen Fremdstoffe, produzieren Antikörper
und bilden ein Erreger-spezifisches „Gedächtnis",
das bei erneuter Infektion für eine schnelle,
spezifische Immunantwort sorgt.

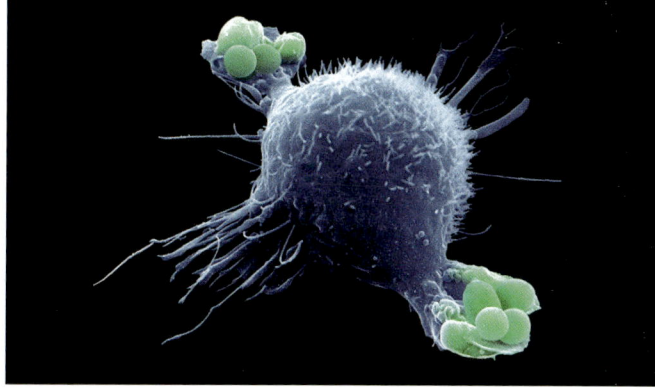

*Fresszelle (Phagozyt) fängt Bakterien ein
als Ausdruck der Immunabwehr (9000fache Vergrößerung)*

Wenn unser Immunschutz optimal funktioniert,
bleiben wir von den meisten Erkrankungen verschont
oder können sie schnell überwinden.
Im Idealfall ein Leben lang.

Doch das Immunsystem kann noch mehr:
Es hält uns jung.
Denn es schützt auch vor körpereigenen Stoffen,
etwa Säuren und zu vielen freien Radikalen,
die unsere Körperzellen nachhaltig schädigen
und so für Altersbeschwerden oder auch Falten sorgen.

Vitaminreiche Ernährung, regelmäßige Bewegung,
genügend gesunder Schlaf,
aber auch Lachen, Lust und Liebe
stärken unser Immunsystem.

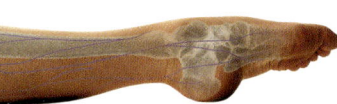

# Unter Druck

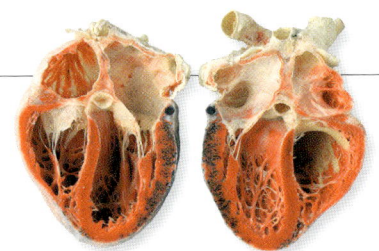

Blutdruck ist die Kraft,
die das Blut auf die Gefäßwände ausübt,
wenn das Herz schlägt.

Der Blutdruck steigt bei jedem Herzschlag
und fällt, während sich das Herz entspannt.
Dadurch entstehen beim Blutdruckmessen zwei Werte:

Die höhere Zahl gibt den Wert an,
wenn das Herz schlägt
und das Blut in die Adern drückt.
Diesen Druck nennt man auch systolischen Druck.

Die kleinere Zahl zeigt den Wert an,
während das Herz ruht und sich mit Blut füllt.
Dies ist der diastolische Blutdruck.

Der normale Blutdruck eines Erwachsenen
beträgt in Ruhe etwa 120/80 mmHg.
Jedoch schwankt dieser Wert ständig
mit den wechselnden Anforderungen an unseren Körper.
Der Blutdruck ist unter anderem abhängig
von körperlicher Aktivität, von Gefühlen,
unserem Temperament, aber auch von Medikamenten.

Liegt der Blutdruck wiederholt über 140/90 mmHg,
spricht man von Bluthochdruck oder Hypertonie.
Rund 25 Millionen Menschen sind
in Deutschland davon betroffen.

Bluthochdruck begünstigt und beschleunigt
die Entstehung einer Arterienverkalkung.
Dadurch steigt das Risiko
für schwere Folgeerkrankungen
wie Schlaganfall, Herzinfarkt oder Nierenschäden.
Knapp die Hälfte aller Todesfälle in Deutschland
ist die Folge eines Bluthochdrucks –
das sind mehr als 400.000 Todesfälle jährlich.

Bluthochdruck verursacht lange Zeit keine Beschwerden
und wird daher oft erst spät entdeckt.

"Sie haben den Blutdruck eines Jugendlichen –
der von Fastfood lebt und den ganzen Tag
vorm Fernseher oder Computer hockt."

*G*lück ist kein Geschenk der Götter.
Es ist die Frucht einer inneren Einstellung

*Erich Fromm (1900 - 1980)*
*Deutsch-amerikanischer Psychoanalytiker,*
*Philosoph und Sozialpsychologe*

*J*eder, der sich die Fähigkeit erhält,
Schönes zu entdecken,
wird nie alt werden.

*Franz Kafka (1883-1924)*
*Tschechisch-österreichischer Schriftsteller*

# Wenn's eng wird

Die Erkrankung der Herzkranzgefäße
ist eine der häufigsten Todesursachen.

Meistens liegt eine Arteriosklerose zugrunde.
Dabei bilden sich fetthaltige Ablagerungen
in den Arterienwänden, sogenannte Plaques.
Sie behindern zunehmend den Blutdurchfluss
und gefährden dadurch die Versorgung
des Herzens mit Sauerstoff.

Ist eine Herzkranzarterie zu etwa 70 % eingeengt,
gerät das Herz bei Belastung in Sauerstoffnot
und reagiert mit Schmerzen.
Dies nennt man Angina pectoris
oder auch koronare Herzkrankheit.

Dieser Prozess entwickelt sich oft unbemerkt
über viele Jahre hinweg.

Wenn eine Plaque plötzlich aufbricht,
bildet sich an dieser Stelle ein Blutgerinnsel,
das die Herzkranzarterie komplett verschließen kann.
Dann sterben die Zellen der betroffenen Region ab
und das Herz wird in seiner Funktion geschwächt.
Dieses plötzliche Ereignis nennt man
Herzanfall oder Herzinfarkt.

# Du bist, was du isst

Ölgemälde von Giuseppe Arcimboldo, um 1570

Diese Volksweisheit drückt treffend aus,
was heute wissenschaftlich erwiesen ist:
Lebensmittel beeinflussen entscheidend
unsere Gesundheit und unser Wohlbefinden.
Aber sie bestimmen auch, wie wir altern.

Um gesund zu bleiben,
benötigen wir mehr als 40 verschiedene Nährstoffe.
Kein einzelnes Nahrungsmittel
kann sie alle gleichzeitig liefern.

Deshalb brauchen wir ein vielseitiges Nahrungsangebot:
Obst, Gemüse, Getreideprodukte,
Fleisch, Fisch, Milchprodukte,
Fette und Öle.

Sich gesund ernähren bedeutet:
Iss von allem genug, aber auch nicht zu viel!

Übergewicht mit all seinen Folgen –
wie Herzerkrankungen, Arterienverkalkung,
Zuckerkrankheit und Gelenkbeschwerden –
mindert langfristig
die Lebensqualität und die Lebenserwartung.

Vor allem ein übermäßiger Zuckergenuss
lässt den Körper vorzeitig altern.
Überschüssige Zuckermoleküle im Blut
binden Proteinmoleküle und verändern deren Struktur.
Sie gehen Verbindungen mit anderen Molekülen ein,
die das Gewebe verhärten und versteifen.
Vor allem das Bindegewebe der Sehnen, Bänder
und Blutgefäße ist hiervon betroffen.

Leichte Hungerzustände stimulieren den Körper,
wichtige Anti-Aging-Hormone zu produzieren:
Melatonin und Wachstumshormon.
Bei Tieren konnte nachgewiesen werden,
dass eine um 40% reduzierte Kalorienzufuhr
die Lebenszeit erheblich verlängert.

Mit dem Alter braucht der Körper weniger Energie:
Ab dem 30. Lebensjahr
senkt sich der Energiebedarf des Körpers
um etwa acht Prozent pro Lebensjahrzehnt.

*Fisch ist reich an ungesättigten Omega 3-Fettsäuren.
Sie haben eine hohe herzschützende und anti-entzündliche Wirkung
und fördern die Gehirnleistung.*

# Zuviel des Guten

Cholesterin ist ein Baustein aller Körperzellen.
Es wird überwiegend in der Leber produziert
und mit verschiedenen Nahrungsmitteln aufgenommen.

Damit das Cholesterin
in die einzelnen Körperregionen gelangen kann,
wird es im Blut an bestimmte Eiweiße gebunden,
an sogenannte Lipoproteine.

Es gibt zwei Arten Lipoproteine:

- Lipoproteine von niedriger Dichte
  (low density liporoteins – kurz LDL)

- Lipoproteine von hoher Dichte
  (high density liporoteins – kurz HDL)

Sprechen Ärzte von einem Zuviel an Cholesterin,
dann meinen sie das LDL-Cholesterin.
Dieses kann sich in den Arterienwänden ansammeln.
Weiße Blutkörperchen greifen dann das Cholesterin an,
als ob es ein Fremdstoff wäre.
Sie verschlingen es
und setzen dabei eine Kettenreaktion in Gang,
bei der sich die Arterien verhärten und verengen.

Das „gute" HDL bewirkt genau das Gegenteil:
Es transportiert überschüssiges Cholesterin zur Leber.
Dort wird es abgebaut und schließlich ausgeschieden.

Zu wissen, wie man altert,
ist das Meisterwerk der Weisheit
und eines der schwierigsten Kapitel
aus der großen Kunst des Lebens.

*Henri Frédéric Amiel (1821 - 1881)*
*Französisch-schweizerischer Philosoph, Essayist und Lyriker*

# Haarige Zeiten

Wenn bei Teenagern die ersten Pickel aufblühen,
die Stimme tiefer wird und
Bart-, Scham- und Achselhaare beginnen zu wachsen,
hat das harmonische Familienleben meist ein Ende.

Die Teenies nehmen merkwürdige Gewohnheiten an,
haben plötzliche Gefühlsausbrüche
und ihre Interessen scheinen wenig nachvollziehbar.

In dieser Phase des Zyklus des Lebens – der Pubertät,
werden Jungen und Mädchen geschlechtsreif.

Ursache ist ein komplexes Feuerwerk der Hormone.
Es beginnt, wenn die Hirnanhangdrüse, die Hypophyse,
ein hormonelles Signal an die Keimdrüsen sendet,
verstärkt Sexualhormone auszuschütten.
Bei Mädchen ist es in erster Linie das Östrogen,
bei Jungen das Testosteron.

Die Sexualhormone steuern in der Pubertät
die meisten körperlichen Veränderungen.

Bei Mädchen beginnt die Pubertät heute
meist zwischen dem 8. und 13. Lebensjahr.
Erstes sichtbares Zeichen ist die „Knospung" der Brüste.
Schamhaare und Achselhaare beginnen zu wachsen,
Fettablagerungen runden die Hüften und Oberschenkel.

Etwa 2 Jahre nach Beginn der Pubertät
setzt die erste Regelblutung ein, die Menarche.
Jedoch ist das komplexe Zusammenspiel
der beteiligten Hormone nicht sofort optimal,
so dass die ersten Monatsblutungen oft unregelmäßig sind.

Mit dem ersten Eisprung
sind die Mädchen schließlich fortpflanzungsfähig.

Bei Jungen setzt die Pubertät rund zwei Jahren später ein
als bei den weiblichen Teenagern.

Zuerst wachsen die Hoden und der Hodensack,
dann der Penis.
Bis zum Alter von 15 Jahren
haben die meisten Jungen ihre erste Ejakulation gehabt.
Gleichzeitig wachsen erste Körper- und Barthaare,
und die Duftstoffe bildenden Schweißdrüsen entwickeln sich.

Sexualhormone stimulieren auch
starke Wachstumsschübe in der Pubertät.

Da die Pubertät bei Jungen später einsetzt
als bei Mädchen,
ist die Wachstumsphase bei Jungen länger.
Auch ist der Endspurt im Wachstum intensiver.
Daher sind Männer durchschnittlich 12 cm größer als
Frauen.

Die Verlängerung der Stimmbänder und
die Vergrößerung des Kehlkopfes
verursachen bei Jungen den sogenannten Stimmbruch.
Danach ist ihre Stimme etwa um eine Oktave tiefer.

Auch im Gehirn laufen wesentliche Umbauprozesse ab.
Neue Nervenzellen bilden sich aus und
neuronale Vernetzungen werden neu geknüpft.
Vor allem die Veränderungen im Stirnhirn
rufen das sprunghafte und launische Verhalten
in der Pubertät hervor.
Dieser Abschnitt des Gehirns ist zuständig für
Bewertungen, Planung und Risikoabschätzung.

Die Pubertät ist (auch) für die Heranwachsenden
eine schwierige Zeit.
Sie müssen ihren Körper neu kennen lernen
und akzeptieren,
sie übernehmen neue Verantwortungen
und beginnen Entscheidungen zu treffen,
die sich auf den Rest ihres Lebens auswirken.

*W*ir sehen die Dinge nicht, wie sie sind –
wir sehen sie, wie wir sind.

*Talmud*
*Sammlung der Gesetze und religiösen Überlieferungen*
*des Judentums*

# Wogen der Lust

Es ist ein ebenso unbeschreibliches
wie überwältigendes Gefühl,
von den Wogen der Lust davongetragen zu werden,
insbesondere auf dem Höhepunkt des Liebesspiels.
Doch die sexuelle Ekstase
dient auch elementaren biologischen Zielen.

Der Drang zur Fortpflanzung
ist einer unserer stärksten Triebe.

Der sinnliche Genuss beim Sex bietet
einen ständigen Anreiz zur körperlichen Vereinigung.
Zudem sind Orgasmus und Fortpflanzung
beim Mann miteinander gekoppelt.

Körperliche Liebe ist essentieller Bestandteil
unseres Menschseins
und Garant unserer Arterhaltung.
Dieser Akt der Menschlichkeit
ist Ursprung unser aller Existenz.

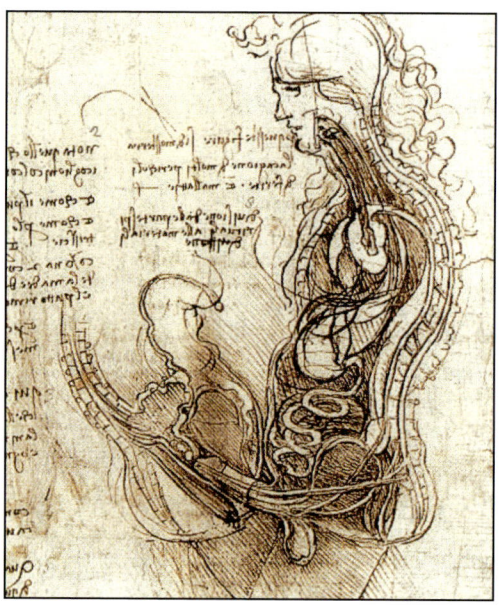

*Zeichnung von Leonardo da Vinci*
*Der Geschlechtsakt im Längsschnitt, um 1490*

Die anatomischen Grundlagen des Sexualaktes
waren lange Zeit rätselhaft und unklar.

Einen frühen Versuch,
die Anatomie des Sexualaktes zu veranschaulichen,
wagte Ende des 15. Jahrhunderts Leonardo da Vinci.

Seine Zeichnung ist noch stark geprägt
von den Irrtümern seiner wissenschaftlichen Vorgänger
und der damals vorherrschenden Weltanschauung.
Sie weist daher fundamentale Fehler auf.

Seit der Antike glaubte man,
das männliche Sperma würde im Gehirn gebildet
und durch das Rückenmark in den Penis gelangen.
Herz und Gehirn galten
als Ort der Seele und des Geistes.
Daher musste der Samen zur Fortpflanzung
natürlicherweise diesen Organen entstammen.

Auch glaubte man, dass das Menstruationsblut,
das während der Schwangerschaft ausbleibt,
in den Brüsten zu Milch umgewandelt würde.
Also wurde auch ein Blutgefäß angenommen
zwischen der Gebärmutter und der Brust.

Eine realistischere Darstellung des Sexualaktes
entstand erst im Jahre 1933
durch den New Yorker Geburtshelfer Robert Dickinson.
Er führte gläserne Kolben in Größe und Form eines Penis
in die Vagina von Versuchspersonen ein
und konnte so eine wirklichkeitsnahe Vorstellung
von der Anatomie beim Geschlechtsakt ermitteln.

Moderne bildgebende Verfahren
ermöglichten gegen Ende der 1990er Jahre
lebensechte Darstellungen des Sexualaktes.
Sie entstanden, als sich freiwillige Paare
in der beengten Messröhre
eines Magnetresonanz-Tomographen liebten.

Ein bemerkenswertes Ergebnis dieser Studien war,
dass sich, abhängig von der Stellung des Paares,
der Penis im Körper der Frau
wie ein Bumerang biegen kann.

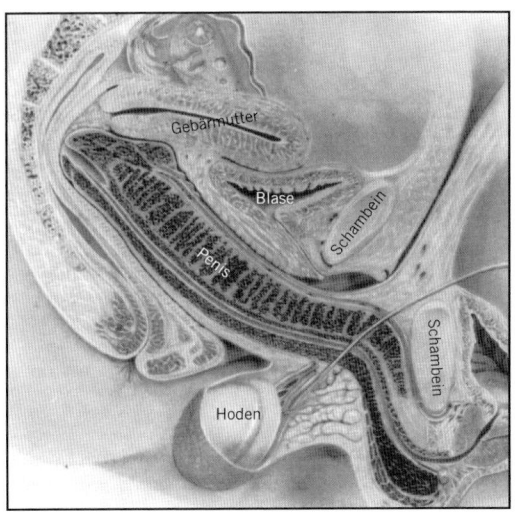

*Darstellung des Geschlechtsaktes
von Robert Dickinson, 1933*

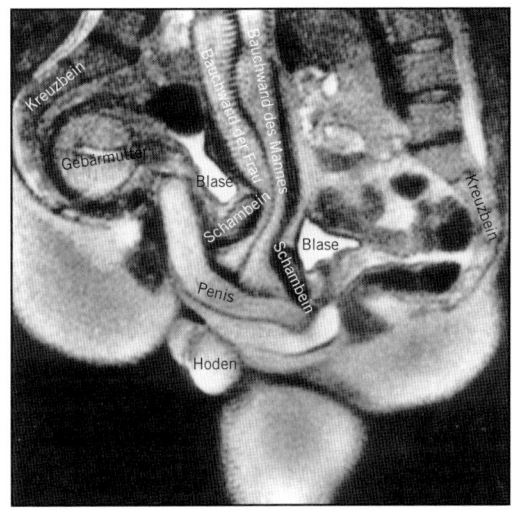

*Aufnahme eines kopulierenden Paares
im Magnetresonanz-Tomographen*

# Der Körper im Umbruch

Wenn die Eierstöcke einer Frau allmählich
keine befruchtungsfähigen Eizellen mehr bilden,
schließt sich ein Kapitel in ihrem Leben.
Eine Übergangszeit beginnt: die Wechseljahre.

Die Monatsblutungen werden unregelmäßig,
und die Östrogenproduktion sinkt merklich ab,
bis schließlich keine Eizelle mehr heranreift
und die letzte Monatsblutung einsetzt.
Die letzte Monatsblutung nennt man Menopause.

Das durchschnittliche Alter der Frauen
bei der Menopause liegt bei 52 Jahren.

Während der Hormonumstellung geraten
zahlreiche Organfunktionen aus dem Gleichgewicht.
Häufige Begleiterscheinungen sind
Hitzewallungen, Depressionen, Schlaflosigkeit
sowie der Verlust von Knochensubstanz (Osteoporose).

Aber die Wechseljahre sind keine Krankheit,
sondern im Leben einer Frau ebenso natürlich
wie Pubertät, Schwangerschaft und Geburt.

Nicht nur Frauen erleben Wechseljahre –
auch die meisten Männer sind betroffen.

Das wichtigste männliche Geschlechtshormon
ist das Testosteron.
Es steht für Männlichkeit, Kraft und Aggressivität.
Zudem fördert es bei Männern – wie bei Frauen –
das Knochenwachstum,
den Aufbau von Muskelmasse,
den Abbau von Fettmasse
sowie die Senkung des Cholesterinspiegels
und die Steigerung des Eiweißaufbaus.

Der Testosteronspiegel sinkt mit dem Alter
und damit die Libido
und die sexuelle Bereitschaft der Männer.
Jedoch verlieren die meisten Männer
im Gegensatz zu den Frauen ihre Fruchtbarkeit nicht,
sondern können bis ins hohe Alter Kinder zeugen.

Ein sichtbares Zeichen für weniger Testosteron
ist ein geringerer Bartwuchs.

# Sexy Sixties

Es ist ein Vorurteil, dass die Lust erlischt,
sobald die Haut zu welken beginnt.
Denn mit fortschreitendem Alter geht die Freude
an sexueller Betätigung keineswegs verloren –
sie verändert sich nur langsam.

Wer bis ins hohe Alter sexuell aktiv bleibt,
fördert seine Fähigkeiten:
physische, soziale und mentale.

Sex setzt Endorphine frei,
baut Stress ab
und wirkt gegen Depression und Einsamkeit.

Es wird sogar vermutet,
dass regelmäßige Orgasmen
die Lebenserwartung um bis zu 8 Jahre steigern
können.

Im Allgemeinen verspüren wir mit zunehmendem Alter
ein geringeres sexuelles Verlangen,
haben weniger Erektionen
und erleben den Orgasmus weniger intensiv.

Der Mann braucht etwas länger,
um eine Erektion zu bekommen,
aber er kann den Samenerguss besser kontrollieren.
Das ist durchaus positiv
für ihn und seine Partnerin.

Die Vagina wird nicht so schnell feucht.
Dennoch kann der Sex für die Frau
mit mehr Lust verbunden sein,
weil sie nicht mehr schwanger werden kann.

Beim Sex zählt nicht die Leistung –
wichtiger sind die sinnlichen Erlebnisse
und die Pflege der Partnerschaft.

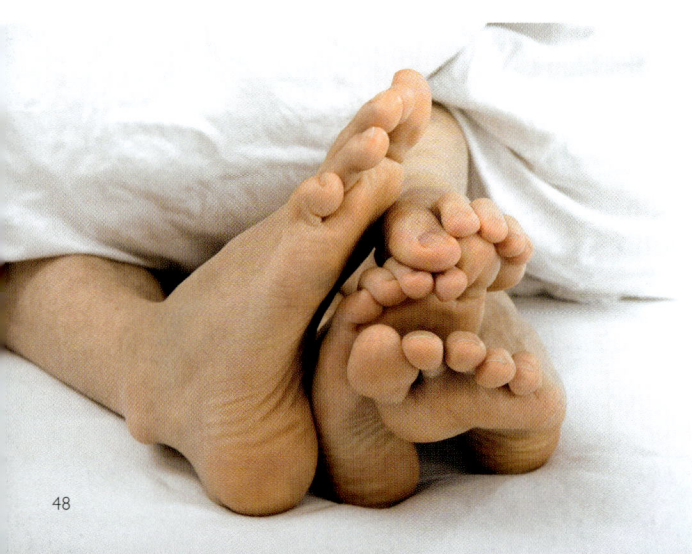

*W*ichtig ist die Lebensfreude,
dann spielt das Alter keine Rolle.

Ursula Andress (*1936)
Deutsch-schweizerische Schauspielerin

# Die Meister des Alterns

Sie gehören zu einem exklusiven Kreis:
In einer Welt mit über 6 Milliarden
gibt es nur 450.000 von ihnen;
Menschen, die hundert Jahre oder älter sind.

Während die meisten alten Menschen dieser Welt
an Krankheiten und Altersschwäche leiden,
sind sie oft bemerkenswert vital und gesund.
Unabhängig und aktiv,
sind sie unentbehrlich in ihren Familien
und spielen eine besondere Rolle in ihren Gemeinden.

Es gibt einige Orte auf der Welt,
wo auffällig viele dieser Glücklichen leben.
Vergleicht man ihre Lebensgewohnheiten,
so zeigen sie trotz ihrer unterschiedlichen
geografischen und kulturellen Herkunft
erstaunlich viele Gemeinsamkeiten.

Haben sie den Schlüssel
für ein langes und erfülltes Leben gefunden?

*In diesen sechs Regionen leben ungewöhnlich viele Menschen, die hundert Jahre oder älter geworden sind.*

# Weniger ist mehr

Ihre Kost ist kalorienarm und enthält traditionell nur wenig Fleisch und tierisches Fett.
Die Älteren in Okinawa, Japan, befolgen beispielsweise "hara hachi bu" –
man isst nur soviel, dass man zu 80% gesättigt ist.
Dadurch beschränken sie ihre tägliche Energieaufnahme auf 1.900 Kalorien.

## Lebenslanges Lernen und Engagement im eigenen Umfeld

Diese Frau, Jahrgang 1904, hat soziale und ehrenamtliche Verpflichtungen, nimmt an Sportkursen teil und hat im stolzen Alter von 101 gelernt, einen Computer zu bedienen. Sie ist ein aktives Mitglied ihrer Kirche.

# Eine Regenbogenmahlzeit

… besteht aus Obst und Gemüse, Fisch und Algen, Soya und Tofu und ein wenig Rotwein. Nahrung mit einem hohen Gehalt an Vitaminen, Mineralien und Antioxidantien schützt vor Krebs, Herzkrankheit und anderen Beschwerden.

# Ein sinnvolles Leben

Wer so alt wird, bekommt ein Gespür für die Bedeutung
auch der scheinbar kleinsten Tätigkeiten.
Hundertjährige stehen auch im hohen Alter morgens gerne auf; sie haben einen Grund.
Sie nutzen ihre Talente nach ihren Möglichkeiten und tun die Dinge mit Leidenschaft.

# Bewegung als Lebensmotto

Hundertjährige halten sich fit, indem sie beispielsweise täglich mehrere Kilometer gehen, sich um ihre Gemüsegärten oder ihr Vieh kümmern oder regelmäßig Sport treiben. Für diesen 94jährigen Mann macht Schwimmen einen Teil seiner Lebensqualität aus.

# Seinen Mitmenschen etwas bedeuten

Die Älteren geben ihr Wissen und ihre Geschichte weiter.
Freundschaften über Generationen hinweg,
besonders mit Kindern und Jugendlichen, halten sie jung.

# Die heilenden Kräfte der Natur

Spazierengehen, beten, meditieren oder ein Mittagessen mit Freunden,
dies alles baut Stress ab und ist für die Hundertjährigen
eine Quelle der Kraft und des Trosts.
Viele dieser Menschen leben in ruhigen, ländlichen Gegenden.

# Die letzte Reise

Der Tod ist kein plötzliches Ereignis,
sondern ein Prozess.
Der Tod tritt ein,
wenn das Herz aufhört zu schlagen.
Dadurch wird die Sauerstoff- und Nährstoffzufuhr
zu den Körperregionen unterbrochen.
Die Körperzellen sterben nach und nach ab,
und die Organfunktionen kommen zum Erliegen.

Zuerst ist das Gehirn betroffen.
Die verringerte Hirnaktivität schränkt zunächst
das Bewusstsein und die Wahrnehmung ein,
die Atmung wird flacher,
Hör- und Sehvermögen nehmen ab,
und schließlich fällt die Steuerung
der elementaren Lebensfunktionen für immer aus.

Das Ende der elektrischen Aktivität des Gehirns,
der Hirntod, gilt juristisch als Todeszeitpunkt.

Zehn bis zwanzig Minuten nach dem Hirntod sterben viele Zellen des Herzgewebes ab. Dann folgt der Tod der Leber- und der Lungenzellen. Erst ein bis zwei Stunden später stellen die Zellen der Nieren ihre Funktion endgültig ein.

Etwa eine halbe Stunde nach Eintritt des Todes beginnt Blut aus den Kapillaren auszutreten. Durch die Schwerkraft sackt es in tiefer gelegene Körperregionen ab. Dadurch erscheint die Haut des Leichnams blass, und in den Partien, in die das Blut absackt, entstehen Blutergüsse, sogenannte Totenflecke.

Im weiteren Verlauf erstarren die Muskeln aufgrund des fehlenden Sauerstoffs. Schließlich zersetzen körpereigene Enzyme wie auch eindringende Keime den Körper zunehmend, und die Muskelstarre löst sich wieder.

*G*ewöhne dich auch an den Gedanken,
    dass es mit dem Tod für uns nichts auf sich hat.
    Denn alles Gute und Schlimme beruht auf Empfindung;
    der Tod aber ist die Aufhebung der Empfindung.
    Das angeblich schaurigste aller Übel also, der Tod,
    hat für uns keine Bedeutung:
    Denn solange wir noch da sind, ist der Tod nicht da;
    stellt sich aber der Tod ein, so sind wir nicht mehr da.

*Epikur (342-271)*
*Griechischer Philosoph*

*A*m Ende zählen nicht die Jahre im Leben,
sondern das Leben in den Jahren.

*Abraham Lincoln (1809–1865)*
*16. Präsident der Vereinigten Staaten von Amerika*

# Impressum

Angelina Whalley
KÖRPERWELTEN & Der Zyklus des Lebens

Design
DIE **WERBE**AKTIVISTEN, mArc Schumacher, Mannheim

2. Auflage
© Copyright 2014

**Arts & Sciences**
Exhibitions and Publishing GmbH, Heidelberg

© Copyright
Sofern nicht anders angegeben, liegt das Urheberrecht/Verwertungsrecht für sämtliche Abbildungen beim Institut für Plastination, Im Bosseldorn 17, 69126 Heidelberg

Alle Rechte vorbehalten, insbesondere das Recht zur Reproduktion, Veröffentlichung und Weiterverwendung von Illustrationen sowie das Übersetzungsrecht. Ohne vorherige schriftliche Genehmigung des Verlags darf diese Publikation weder als Ganzes noch in Teilen in beliebiger Form reproduziert oder in elektronischer Form verbreitet werden.

Zur Autorin:
Die Ärztin Dr. Angelina Whalley hat alle KÖRPERWELTEN-Ausstellungen inhaltlich konzipiert und gestaltet. Sie studierte an der Freien Universität Berlin und der Universität Heidelberg, wo sie 1986 promovierte; im selben Jahre erhielt sie die Approbation als Ärztin. Wissenschaftlich tätig war sie drei Jahre am Anatomischen Institut, unter anderem im Plastinationslabor, und zwei Jahre am Pathologischen Institut der Universität Heidelberg. Seit Januar 1997 ist sie geschäftsführende Direktorin des Instituts für Plastination in Heidelberg. 1993 übernahm sie auch die Firma BIODUR® Products, die Spezialkunststoffe und Hilfsmittel für die Plastination weltweit vertreibt.

ISBN 978-3-937256-10-8

www.koerperwelten.de